Bibliografische Information der Deutschen Nationalbibliothek:

Die Deutsche Bibliothek verzeichnet diese Publikation in der Deutschen National-bibliografie; detaillierte bibliografische Daten sind im Internet über http://dnb.d-nb.de/ abrufbar.

Impressum:

Copyright © 2011 GRIN Verlag
Druck und Bindung: Books on Demand GmbH, Norderstedt Germany
ISBN: 9783668704718

Dieses Buch bei GRIN:

https://www.grin.com/document/425604

Olga Glöckner

Entwicklung eines Informationssystems für Fahrplanauskünfte

GRIN Verlag

GRIN - Your knowledge has value

Der GRIN Verlag publiziert seit 1998 wissenschaftliche Arbeiten von Studenten, Hochschullehrern und anderen Akademikern als eBook und gedrucktes Buch. Die Verlagswebsite www.grin.com ist die ideale Plattform zur Veröffentlichung von Hausarbeiten, Abschlussarbeiten, wissenschaftlichen Aufsätzen, Dissertationen und Fachbüchern.

Besuchen Sie uns im Internet:

http://www.grin.com/

http://www.facebook.com/grincom

http://www.twitter.com/grin_com

Hausarbeit zu „Verteilte Systeme und Datenbanken" (WS 2010/2011)

Entwicklung eines Informationssystems für Planauskünfte

Inhaltsverzeichnis

1. Analyse der Aufgabenstellung

1.1 Allgemeine Beschreibung der Aufgabenstellung

Die Aufgabe besteht darin, dass ein Datenbanksystem für Fahrplanauskünfte erstellt wird. Dies besteht zum einen aus einer Abfahrtstafel, die dem Benutzer ermöglicht zu einer bestimmten ausgewählten Haltestelle die dazugehörigen anfahrenden Verkehrslinien ausgegeben zu bekommen.

Zum anderen kann ein Fahrplanbuch verwendet werden, das durch Auswählen bestimmter Verkehrslinien die angefahrenen Haltestellen mit den jeweiligen Abfahrtszeiten darstellt.

Zum dritten soll der Nutzer die Möglichkeit haben eine Start- und Zielhaltestelle, sowie die gewünschte Abfahrtszeit anzugeben und mittels einer Fahrauskunft die jeweiligen Verkehrsmittel mit den dazugehörenden Verkehrslinien, sowie der nächstmöglichen Abfahrtszeit visualisiert bekommen.

1.2 Erstellen einer Datenbank

Eine Datenbank für unser konzeptioniertes Datenbankschema soll erstellt werden. Die Datensätze dieser Datenbank werden schließlich dafür verwendet, um dem Nutzer die gewünschten Informationen zu liefern.

1.3 Erstellung einer grafischen Benutzeroberfläche - GUI

Eine grafische Oberfläche soll entworfen und implementiert werden, die in Form eines Windows – Fensters (sogen. JFrame) dargestellt werden soll.

Durch integrierte Buttons oder Menüs im Fenster sollen bestimmte Aktionen, wie zum Beispiel die Auswahl verschiedener Haltestellen oder der gewünschten Abfahrtszeit, ermöglicht werden. Sobald der Benutzer eine Schaltfläche betätigt, soll dies von der grafischen Oberfläche erfasst werden und eine angemessene Reaktion erfolgen.

1.3.1 Model-View-Control-Konzept (MVC - Konzept)

Bei der Entwicklung des Informationssystems, die in der Programmiersprache Java vorgenommen wird, soll das MVC – Konzept berücksichtigt werden.

Das MVC – Konzept bewirkt durch die Dreiteilung (Model, View, Control) eine Trennung aller Daten von der visuellen Repräsentation. Dies ist besonders vorteilhaft, da sich alle drei Teile unterschiedlich entwickeln und einsetzen lassen. Beispielsweise kann die Visualisierung (View) verändert bzw. weiterentwickelt werden, während das Modell (Model) beibehalten wird. Somit sind unterschiedliche

Visualisierungen der Daten möglich.

Modell (Model):

Das Modell ist zuständig für die Repräsentation der Operationen einer Anwendung, dabei ist es sowohl vom View, als auch vom Controller unabhängig.

Es bietet Operationen zum Zugriff auf Daten, die die Views benötigen, um diese abzufragen bzw. darzustellen. Auch die vom Controller verwendeten Operationen zur Umsetzung von Ereignissen stellt das Modell bereit.

Präsentation (View):

Die Präsentation ist für die Darstellung der benötigten Daten aus dem Modell und die Aufnahme von Benutzeraktionen zuständig (z.B. werden Benutzereingaben erzeugt oder es erfolgt eine ersichtliche Reaktion auf das Betätigen eines Buttons). Ein View kennt sowohl seinen Controller als auch sein Modell und ist von beiden abhängig.

Wie bereits im „Modell" beschrieben (siehe oben) benötigt ein View die Informationen der darzustellenden Daten, die es aus dem Modell erhält.

Aber auch der Controller beeinflusst die Änderung des Views, beispielsweise bei einem Loginformular könnte dieser entscheiden, je nachdem ob man eingeloggt ist, welche visuelle Ausgabe in dem Fenster erscheinen soll.

Steuerung (Controller):

Controller sind für die Steuerung der Anwendung durch den Benutzer zuständig. Sie erfassen alle Aktionen, ordnen Operationen bestimmte Reaktionen zu und leiten diese zur Visualisierung an das View weiter.

Folglich erzeugen Controller die Views.

Die Einheit aus View und Controller bildet die Benutzeroberfläche.

2 Programmentwurf

2.1 ER - Modell

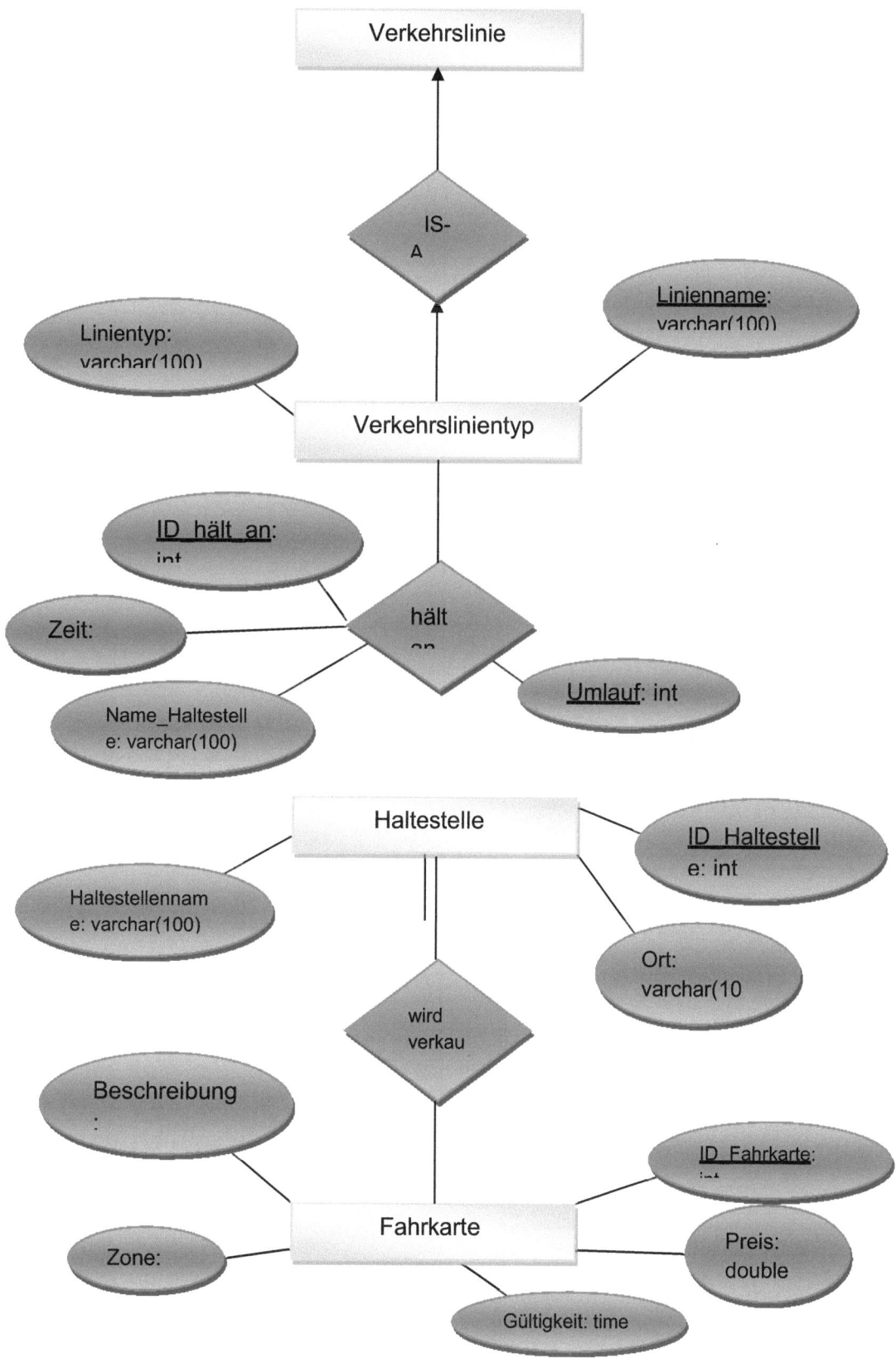

2.2 Relationenmodell

siehe Anhang

2.3 UML – Diagramm

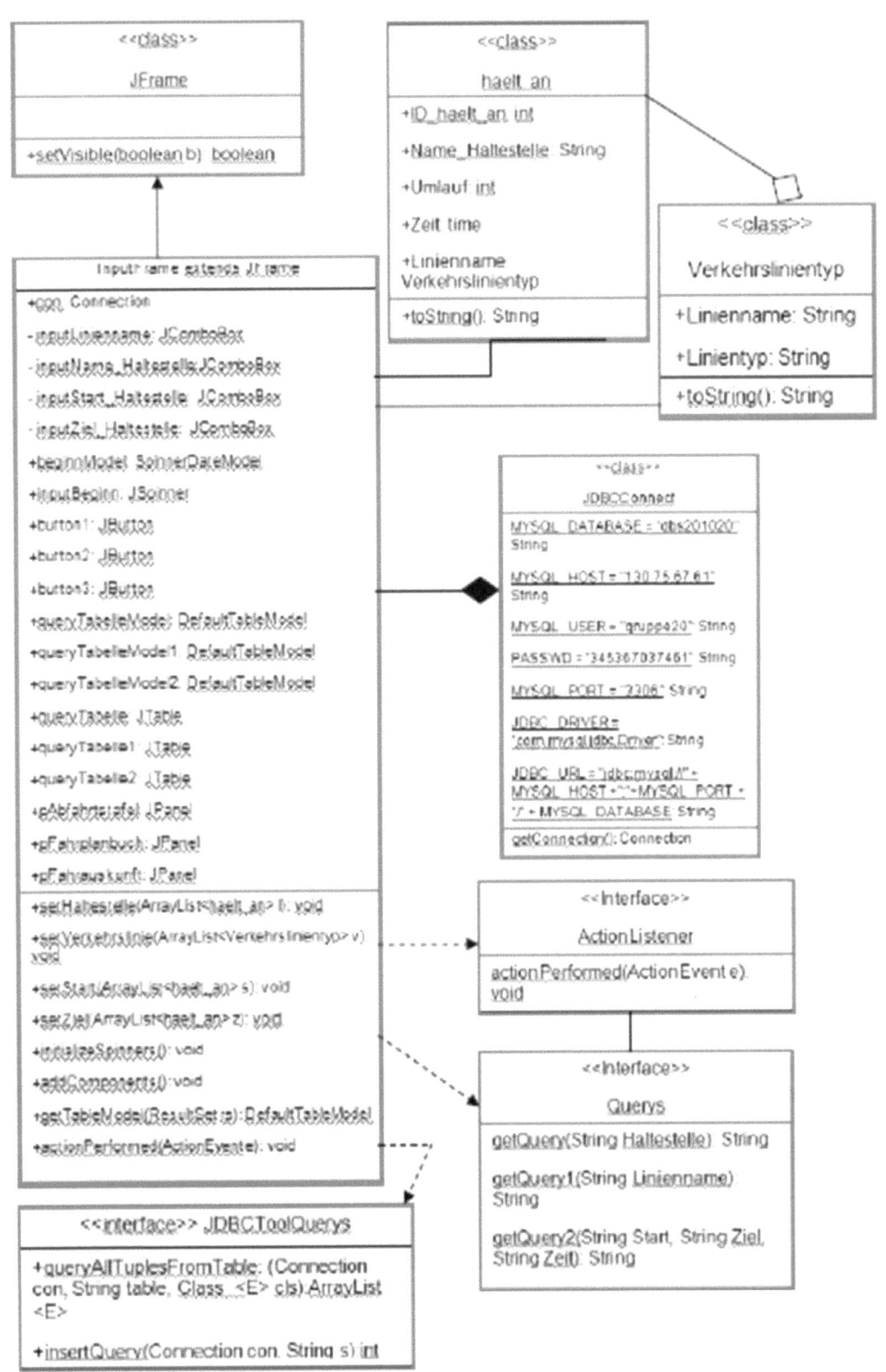

2.4 Dokumentation der Klassenstruktur

Nachfolgend werden nur die zur Programmierung notwendigen Klassen dokumentiert.

2.4.1 Verbindungsaufbau

Die Klasse JDBCConnect liefert die Verbindung zu einer SQL- Datenbank, auf der sich die benötigten Datensätze befinden.

In der Methode getConnection() wird die Verbindung aufgebaut. Bei auftretenden Fehlern während des Verbindens sollen ClassNotFound – bzw. SQL-Exceptions ausgegeben werden.

2.4.2 Model

Die Model - Klassen enthalten alle darzustellenden Daten. Hier bestehen die Model - Klassen aus „*Verkehrslinientyp*" und „haelt_an".

Die Klasse „*Verkehrslinientyp*" beinhaltet die Eigenschaften einer Verkehrslinie. Attribute stellen die Eigenschaften einer Verkehrslinie dar, die in diesem Fall der Linienname sowie der Linientyp ist. Zwar wäre eine eindeutige Beschreibung durch eine ID gewährleistet, allerdings hatten wir Schwierigkeiten diese letztlich zu integrieren. Erläuterungen zu den aufgetretenen Schwierigkeiten folgen in Kapitel „ 2.4 Probleme und Lösungen"

Der Konstruktor sorgt da dafür, dass alle Objekte einer Klasse initialisiert werden. Hier enthält der Konstruktor einen Liniennamen mit dem Rückgabewert eines „String" und einen Linientyp, der den Rückgabewert „integer" enthält.

Durch die Methode „*toString()*" können Attribute der Klasse „*Verkehrslinientyp*" ausgegeben werden. Soll heißen: wenn z.B. in der Klasse „*InputFrame*" *auf* die Modelklasse „*Verkehrslinientyp*" zugegriffen wird, um eine JComboBox mit Inhalt zu füllen, beinhaltet die Combobox nur die Attribute, die in der „*toString()*" - Methode stehen (in diesem Fall Liniennamen).

Die Klasse „*haelt_an*" wird durch folgende Attribute beschrieben. Integer ID_haelt_an: jede Linie enthält für jede angefahrene Haltestelle zu einer bestimmten Zeit eine andere ID

Verkehrslinientyp Linienname: Attribut aus der Klasse „*Verkehrslinientyp*"

String Name_Haltestelle: alle Haltestellen, die von den Verkehrslinien befahren werden

Time Zeit: Uhrzeit, wann die Haltestellen befahren werden

Integer Umlauf: die Strecke einer Verkehrslinie von ihrer Start- zur Endhaltestelle, z.B. fährt die Linie 4 Richtung Garbsen einmal vom Start- (Roderbruchmarkt) bis zum Endpunkt (Auf der Horst), dies ist Umlauf 1. Anschließend fährt die Linie 4 Richtung Roderbruch dieselbe Strecke wieder zurück, die wäre der zweite Umlauf, usw.

Im Konstruktor der Klasse „haelt_an" werden die genannten Attribute initialisiert.

Die Methode „toString()" ist für die Ausgabe der ausgewählten Attribute der Klasse zuständig (wie in der Klasse „Verkehrslinientyp" beschrieben). In diesem Fall werden die Namen der Haltestellen ausgegeben.

2.4.3 View

Die View - Klassen bzw. Interfaces sind für die Darstellung der Daten aus dem Modell sowie für Reaktionen auf Benutzeraktionen zuständig, die sie an die Control - Komponente weiterleiten. Sie stellen somit die Verbindung zwischen dem Model und dem Controller dar.

Die View Komponente besteht hier aus dem Interface „Querys". Allgemein dient dieses dazu, mittels SQL - Anweisungen, auf Tupel bestimmter Relationen in der Datenbank zuzugreifen.

Auf die, im Interface „Querys" enthaltenen, Methoden wird in der Klasse „InputFrame", in Kapitel 2.2.4 Control erläutert, zugegriffen, um nach der Auswahl eines bestimmten Parameters in der JComboBox eine Ausgabe der Datensätze zu erhalten.

Die Methode „getQuery(String Haltestelle)" beinhaltet einen SQL - Befehl, der aussagt, dass zu einer beliebig ausgewählten Haltestelle die anfahrenden Verkehrslinien ausgegeben werden. „getQuery(String Haltestelle)" dient der Ausgabe im ersten Tab (Abfahrtstafel).

Die darauffolgende Methode „getQuery1(String Linienname)" enthält ebenso einen SQL-Befehl, der jedoch besagt, dass für eine ausgewählte Linie sowohl alle Haltestellen ausgegeben werden, die von ihr angefahren wird, als auch die dazugehörigen Abfahrtszeiten. Dieser Befehl ist für die Ausgabe im zweiten Tab (Fahrplanbuch) zuständig.

Durch die dritte Methode „*getQuery2(String Start, String Ziel, String Zeit)*" erhält man, abhängig von der gewünschten Zeit sowie Start- und Ziel(-Haltestelle), die Linien, die zwischen diesen Haltestellen verkehren, die Ankunfts- und Abfahrtszeiten sowie die Dauer der gesamten Fahrt.   Dieser Methode ist für die Ausgabe im dritten Tab (Fahrauskunft) zuständig.

Zusätzlich zum Interface „*Querys*" würde die Klasse „*InputFrame*" ebenso als View - Komponente gelten, da diese Methoden enthält, die der Darstellung der grafischen Oberfläche dienen (z.B. addComponents()).

Allerdings beinhaltet das „*InputFrame*" ebenfalls Methoden, die der Control - Komponente zugeordnet werden kann (z.B. actionPerformed(ActionEvent e)).

Diese Tatsachen haben wir leider erst kurz vor Abgabe bemerkt und haben uns letztendlich dafür entschieden die Klasse „*InputFrame*" als Control - Klasse zu definieren.

2.4.4 Control

Die Control - Klassen verwalten die Anfragen des Benutzers. Hier stellt die Klasse „*InputFrame*" eine Control - Komponente dar.

Das „InputFrame" ist abgeleitet von der Superklasse „*JFrame*" und erbt somit die Methode „*setVisible(boolean b)*" -> „*setVisible(true)*". Beim Starten des Programms erscheint aufgrund dieser Methode ein Windows-Fenster, das sich mit der Maus größer bzw. kleiner ziehen oder schließen lässt.

Außerdem besitzt die Klasse „*InputFrame*" die Schnittstelle „*ActionListener*", die die Methode „*actionPerformed()*" übergibt (Erläuterung hierzu später).

In der Klasse „*InputFrame*" befinden sich (wie in Kapitel 2.3.3 View erwähnt) Teile der View – Komponente. Diese sollen hier erläutert werden.

8

Die Erstellung der grafischen Oberfläche erfolgt durch ein Fenster (*JFrame*), das drei Karteireiter (*JTabbedPanes*) enthält. Jeder dieser Reiter ermöglicht dem Nutzer mittels einer Schaltfläche (*JComboBox*) Liniennamen bzw. Haltestellen auszuwählen. Durch Betätigen des „Anfordern" – Knopfes (*JButton*) erhält der Nutzer die gewünschten Informationen in einer Tabelle (*JTable*).

Abfahrtstafel	Fahrplanbuch	Fahrauskunft		
Linienname		10-Ahlem	▼	Anfordern
Name_Haltestelle	1-Langenhagen			Zeit
Thielenplatz/Schauspielhaus	1-Sarstedt			
Hauptbahnhof	10-Aegidientorplatz			
Leinaustraße	10-Ahlem			
Brunnenstraße	300-Hannover ZOB			
Ehrhartstraße	300-Pattensen			
Thielenplatz/Schauspielhaus	4-Garbsen			
Hauptbahnhof	4-Roderbruch			
Leinaustraße				
Brunnenstraße	12:17:00			
Ehrhartstraße	12:19:00			
Thielenplatz/Schauspielhaus	16:00:00			
Hauptbahnhof	16:03:00			
Leinaustraße	16:12:00			
Brunnenstraße	16:17:00			
Ehrhartstraße	16:19:00			

Im Konstruktor der Klasse werden zum einen die Combo – Boxen mit Inhalt aus den Relationen der Datenbank gefüllt und zum anderen erfolgt hier die Initialisierung des *JSpinners*. Ein *JSpinner* ermöglicht dem Nutzer eine gewünschte Zeit einzustellen. In der Methode „*addComponents()*" werden dem *JFrame* zunächst die drei Reiter hinzugefügt. Dem ersten und zweiten Reiter werden eine *JComboCox*, *JTable* sowie ein *JButton* hinzugefügt. In den dritten Reiter werden zusätzlich eine *JComboBox* und ein *JSpinner* eingefügt. Eine Control – Komponente stellt die Methode „*actionPerformed(ActionEvent e)*" dar. Sobald ein Programmnutzer eine Auswahl in der *ComboBox* trifft und anschließend den Anfordern - Button betätigt bedeutet dies in der Java – Sprache, dass ein *ActionEvent* erzeugt wird. Mittels der „*actionPerformed(ActionEvent e)*" – Methode findet die entsprechende Reaktion statt. Wenn der Nutzer beispielsweise eine Haltestelle in der *JComboBox* auswählt und diese anfordert, wird dies von der View – Komponente erfasst und an das Controll weitergeleitet. Die „*actionPerformed(ActionEvent e)*" – Methode reagiert darauf, indem diese eine Tabelle der angefahrenen Verkehrslinien ausgibt. Die beinhaltenden Informationen erhält die Methode aus den *getQuery*() -Methoden der View – Komponente.

2.5 Problemstellung und Lösungsansätze

Beim Erstellen des ER – Modells trat ein Problem beim Setzen des Primärschlüssels in der Entität „*Verkehrslinientyp*" auf. Sicherlich wäre als Primärschlüssel eine ID eindeutiger, als der Linienname, jedoch würde die ID der Relation „*haelt_an*" übergeben werden. Es erschien uns einfacher die Liniennamen an die Relation „*haelt_an*" übergeben zu lassen, damit man in den SQL – Anweisungen direkt die Attribute von „*haelt_an*" ansprechen kann (ohne INNER JOIN o.ä.).

Erst beim Programmieren bzw. bei näherer Betrachtung der JComboBoxen, in denen die Haltestellen enthalten sind, ist uns aufgefallen, dass die Haltestellennamen mehrmals in den ComboBoxen erscheinen. Es kam die Idee auf in einem SQL – Befehl mit *DISTINCT* zu arbeiten, um Wiederholungen zu vermeiden, jedoch scheiterte es an der Umsetzung.

3 Validierung

Anhand eines Beispiels wird in diesem Kapitel die Funktionalität des Programms präsentiert (Bsp. wird an der Fahrauskunft vorgenommen).

Anhand eines Beispiels wird in diesem Kapitel die Funktionalität des Programms präsentiert (Bsp. wird an der Fahrauskunft vorgenommen).

Angenommen der Nutzer möchte gegen 11:30 Uhr ein Verkehrsmittel nehmen, das ihn von der Haltestelle „Roderbruchmarkt" zum „Kröpcke" befördert.

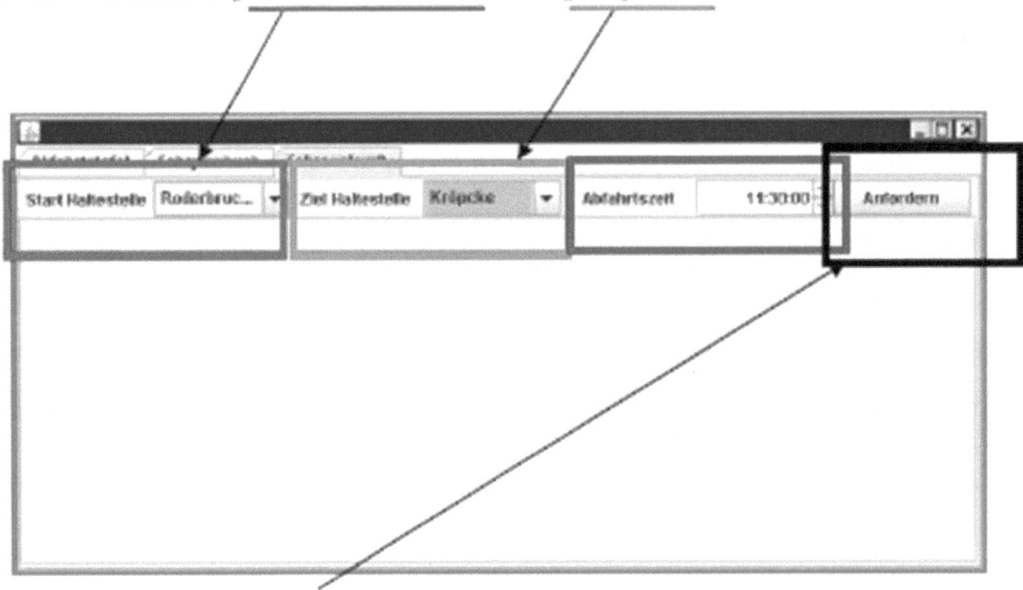

Durch Betätigen des „Anfordern" – Knopfes erhält der User die Information, dass diese Strecke von der Bahn „4-Garbsen" befahren wird, sowie die genauen Abfahrts- und Ankunftszeiten und die Dauer der gesamten Fahrt.

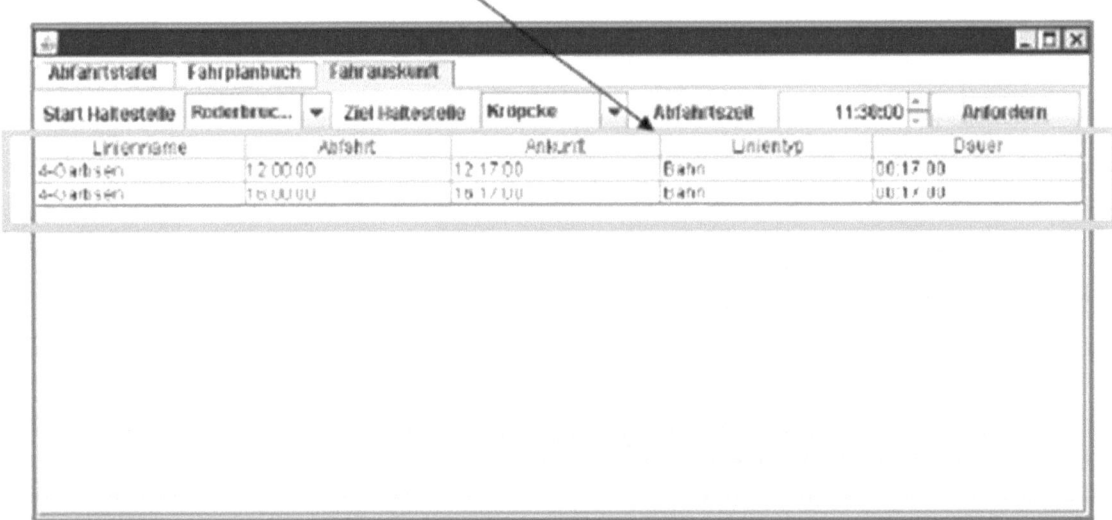

Folgender Screenshot beweist, dass sich die Linienrichtung ändern würde, wenn der Programmnutzer z.B. die Zeiten für seinen Rückweg in Erfahrung bringen will. Dabei gibt er als Starthaltestelle „Kröpcke" und als Zielhaltestelle „Roderbruchmarkt" an. Somit erhält er die Straßenbahn „4-Roderbruch" als Ergebnis.

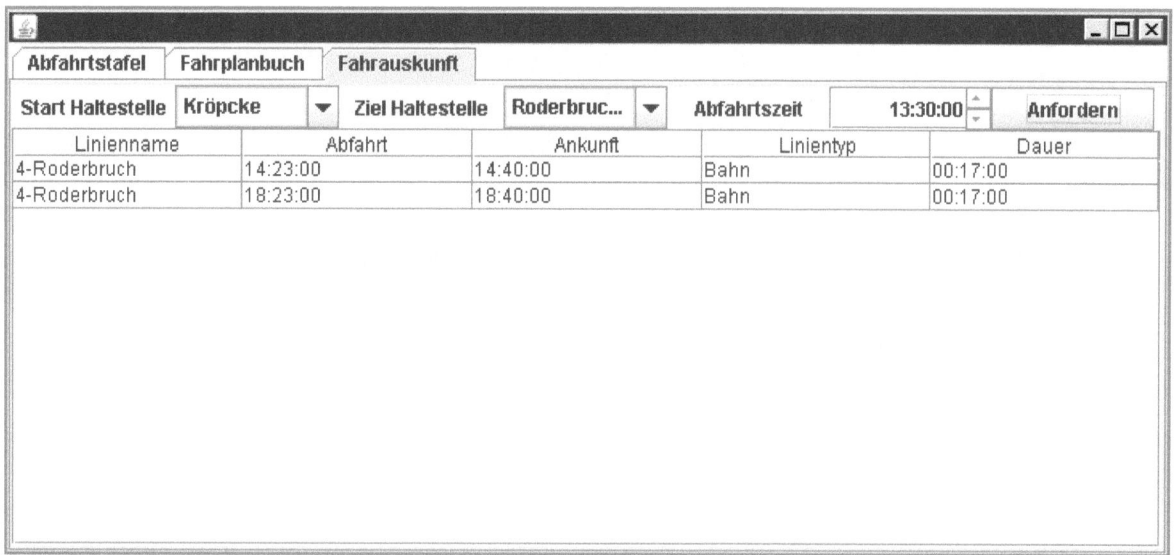

4 Benutzerhandbuch

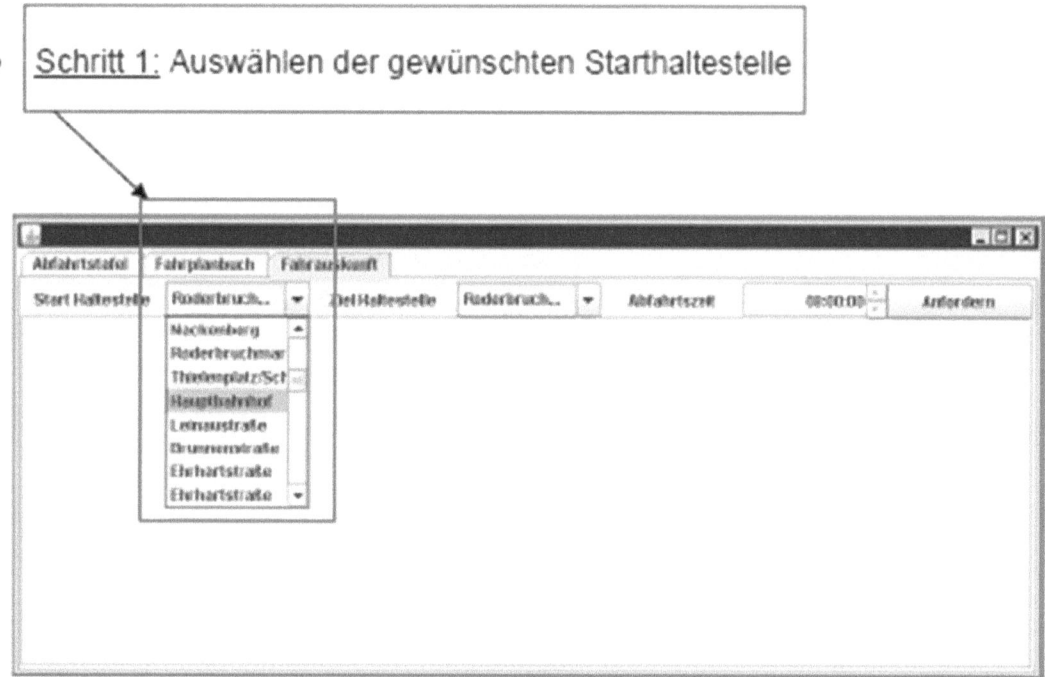

Schritt 1: Auswählen der gewünschten Starthaltestelle

- <u>Schritt 2:</u> Auswählen der gewünschten Zielhaltestelle

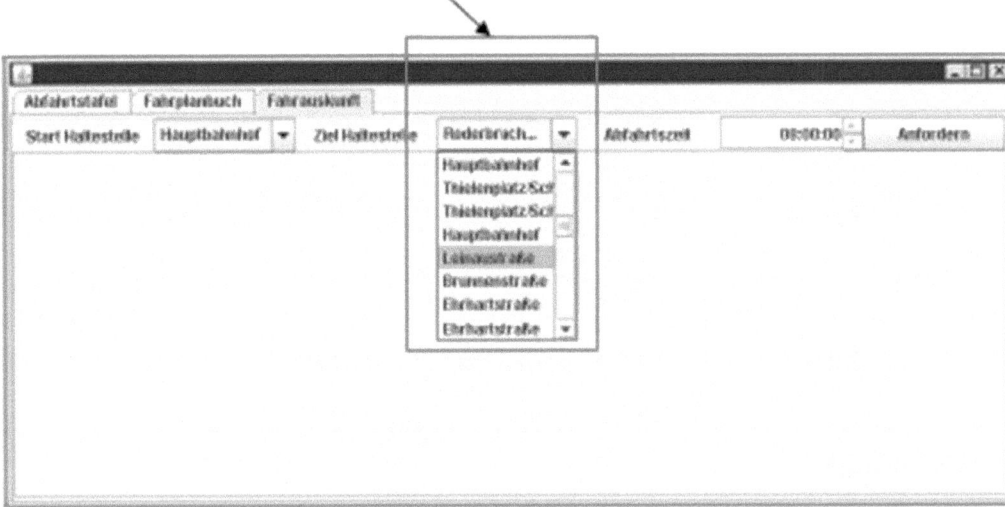

- <u>Schritt 3:</u> Einstellen der Abfahrtszeit

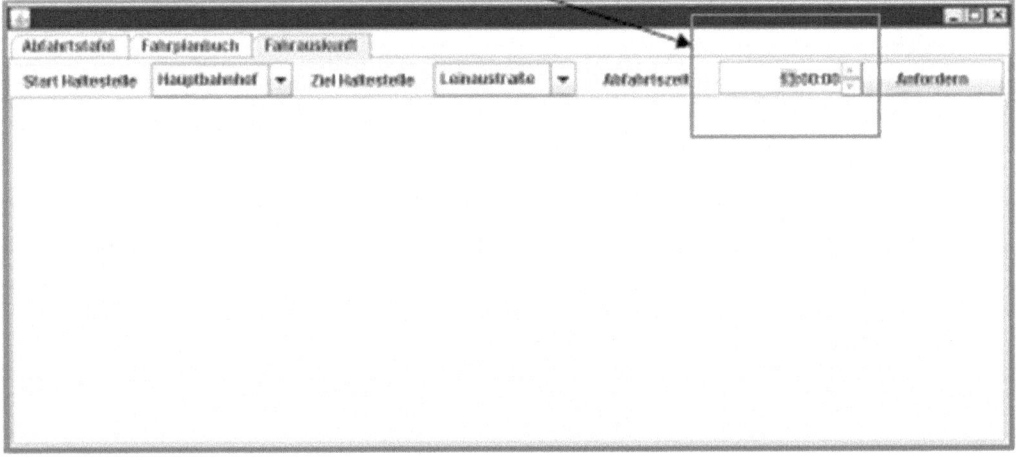

- <u>Schritt 4</u>: Anfordern – Button betätigen

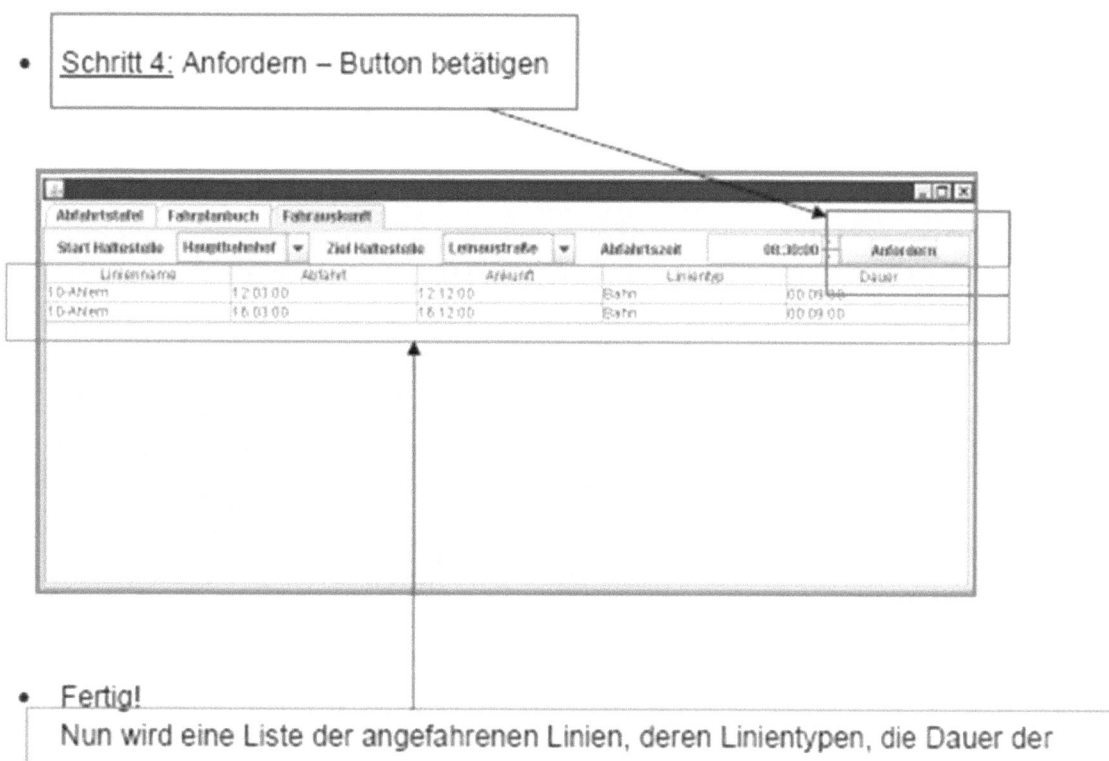

- <u>Fertig!</u>
  Nun wird eine Liste der angefahrenen Linien, deren Linientypen, die Dauer der
  gesamten Fahrt sowie die Abfahrts- und die Ankunftszeit ausgegeben.

5 Anhang

Relationenmodell

Primärschlüssel

Fremdschlüssel

Verkehrslinie

Linienname: varchar(100)
4 - Garbsen
4 - Roderbruch
10 - Aegidientorplatz
10 - Ahlem
1 - Sarstedt
1 - Langenhagen
300 - Pattensen
300 - Hannover ZOB

14

Verkehrslinientyp

Linienname: varchar(100)	Linientyp: varchar(100)
4 - Garbsen	Bahn
4 - Roderbruch	Bahn
10 - Aegidientorplatz	Bahn
10 - Ahlem	Bahn
500 - Ronnenberg - Gehrden	Bus
500 - Hannover ZOB	Bus
1 - Langenhagen	Bahn
1 - Sarstedt	Bahn

Haltestelle

ID Haltestelle: int	Ort: varchar(100)	Haltestellenname:varchar(100)
1	Hannover	Roderbruchmarkt
2	Hannover	Nackenberg
3	Hannover	Kröpcke
4	Hannover	Herrenhäuser Gärten
5	Hannover	Auf der Horst
6	Hannover	Thielenplatz/Schauspielhaus
7	Hannover	Hauptbahnhof
8	Hannover	Leinaustraße
9	Hannover	Brunnenstraße
10	Hannover	Ehrhartstraße
11	Hannover	Berliner Platz
12	Hannover	Niedersachsenring
13	Hannover	Peiner Straße
14	Hannover	Am Brabrinke
15	Hannover	Steintor
16	Hannover	Schwarzer Bär
17	Hannover	Menzelstraße
18	Hannover	Am Grünen Hagen

ID_haelt_an: int	Linienname: varchar(100)	Name_Haltestelle: varchar(100)	Umlauf: int	Zeit: time
		haelt_an		
1234	4-Garbsen	Roderbruchmarkt	1	08:00:00
1235	4-Garbsen	Nackenberg	1	08:06:00
1236	4-Garbsen	Kröpcke	1	08:17:00
1237	4-Garbsen	Herrenhäuser Gärten	1	08:25:00
1238	4-Garbsen	Auf der Horst	1	08:40:00
1240	4-Roderbruch	Auf der Horst	2	10:00:00
1241	4-Roderbruch	Herrenhäuser Gärten	2	10:15:00
1242	4-Roderbruch	Kröpcke	2	10:23:00
1243	4-Roderbruch	Nackenberg	2	10:34:00
1244	4-Roderbruch	Roderbruchmarkt	2	10:40:00
1246	4-Garbsen	Roderbruchmarkt	3	12:00:00
1247	4-Garbsen	Nackenberg	3	12:06:00
1248	4-Garbsen	Kröpcke	3	12:17:00
1249	4-Garbsen	Herrenhäuser Gärten	3	12:25:00
1250	4-Garbsen	Auf der Horst	3	12:40:00
1252	4-Roderbruch	Auf der Horst	4	14:00:00
1253	4-Roderbruch	Herrenhäuser Gärten	4	14:15:00
1254	4-Roderbruch	Kröpcke	4	14:23:00
1255	4-Roderbruch	Nackenberg	4	14:34:00
1256	4-Roderbruch	Roderbruchmarkt	4	14:40:00
1258	4-Garbsen	Roderbruchmarkt	5	16:00:00
1259	4-Garbsen	Nackenberg	5	16:06:00
1260	4-Garbsen	Kröpcke	5	16:17:00
1261	4-Garbsen	Herrenhäuser Gärten	5	16:25:00
1262	4-Garbsen	Auf der Horst	5	16:40:00
1264	4-Roderbruch	Auf der Horst	6	18:00:00
1265	4-Roderbruch	Herrenhäuser Gärten	6	18:18:00
1266	4-Roderbruch	Kröpcke	6	18:26:00
1267	4-Roderbruch	Nackenberg	6	18:36:00
1268	4-Roderbruch	Roderbruchmarkt	6	18:40:00
1270	10 - Ahlem	Thielenplatz/Schauspielhaus	7	08:00:00
1271	10 - Ahlem	Hauptbahnhof	7	08:03:00
1272	10 - Ahlem	Leinaustraße	7	08:12:00
1273	10 - Ahlem	Brunnenstraße	7	08:17:00
1274	10 - Ahlem	Ehrhartstraße	7	08:19:00
1276	10 - Aegidientorplatz	Ehrhartstraße	8	10:03:00
1277	10 - Aegidientorplatz	Brunnenstraße	8	10:05:00
1278	10 - Aegidientorplatz	Leinaustraße	8	10:10:00
1279	10 - Aegidientorplatz	Hauptbahnhof	8	10:19:00
1280	10 - Aegidientorplatz	Thielenplatz/Schauspielhaus	8	10:22:00
1282	10 - Ahlem	Thielenplatz/Schauspielhaus	9	12:00:00
1283	10 - Ahlem	Hauptbahnhof	9	12:03:00
1284	10 - Ahlem	Leinaustraße	9	12:12:00
1285	10 - Ahlem	Brunnenstraße	9	12:17:00
1286	10 - Ahlem	Ehrhartstraße	9	12:19:00
1288	10 - Aegidientorplatz	Ehrhartstraße	10	14:03:00
1289	10 - Aegidientorplatz	Brunnenstraße	10	14:05:00
1290	10 - Aegidientorplatz	Leinaustraße	10	14:10:00
1291	10 - Aegidientorplatz	Hauptbahnhof	10	14:19:00
1292	10 - Aegidientorplatz	Thielenplatz/Schauspielhaus	10	14:22:00

1294	10 - Ahlem	Thielenplatz/Schauspielhaus	11	16:00:00
1295	10 - Ahlem	Hauptbahnhof	11	16:03:00
1296	10 - Ahlem	Leinaustraße	11	16:12:00
1297	10 - Ahlem	Brunnenstraße	11	16:17:00
1298	10 - Ahlem	Ehrhartstraße	11	16:19:00
1300	10 - Aegidientorplatz	Ehrhartstraße	12	18:03:00
1301	10 - Aegidientorplatz	Brunnenstraße	12	18:05:00
1302	10 - Aegidientorplatz	Leinaustraße	12	18:10:00
1303	10 - Aegidientorplatz	Hauptbahnhof	12	18:19:00
1304	10 - Aegidientorplatz	Thielenplatz/Schauspielhaus	12	18:22:00
2111	1 - Sarstedt	Berliner Platz	13	08:00:00
2112	1 - Sarstedt	Niedersachsenring	13	08:18:00
2113	1 - Sarstedt	Hauptbahnhof	13	08:20:00
2114	1 - Sarstedt	Peiner Straße	13	08:25:00
2115	1 - Sarstedt	Am Brabrinke	13	08:30:00
2117	1 - Langenhagen	Am Brabrinke	14	10:03:00
2118	1 - Langenhagen	Peiner Straße	14	10:08:00
2119	1 - Langenhagen	Hauptbahnhof	14	10:13:00
2120	1 - Langenhagen	Niedersachsenring	14	10:15:00
2121	1 - Langenhagen	Berliner Platz	14	10:33:00
2123	1 - Sarstedt	Berliner Platz	15	12:00:00
2124	1 - Sarstedt	Niedersachsenring	15	12:18:00
2125	1 - Sarstedt	Hauptbahnhof	15	12:20:00
2126	1 - Sarstedt	Peiner Straße	15	12:25:00
2127	1 - Sarstedt	Am Brabrinke	15	12:30:00
2129	1 - Langenhagen	Am Brabrinke	16	14:03:00
2130	1 - Langenhagen	Peiner Straße	16	14:08:00
2131	1 - Langenhagen	Hauptbahnhof	16	14:13:00
2132	1 - Langenhagen	Niedersachsenring	16	14:25:00
2133	1 - Langenhagen	Berliner Platz	16	14:33:00
2135	1 - Sarstedt	Berliner Platz	17	16:00:00
2136	1 - Sarstedt	Niedersachsenring	17	16:18:00
2137	1 - Sarstedt	Hauptbahnhof	17	16:20:00
2138	1 - Sarstedt	Peiner Straße	17	16:25:00
2139	1 - Sarstedt	Am Brabrinke	17	16:30:00
2141	1 - Langenhagen	Am Brabrinke	18	18:03:00
2142	1 - Langenhagen	Peiner Straße	18	18:08:00
2143	1 - Langenhagen	Hauptbahnhof	18	18:13:00
2144	1 - Langenhagen	Niedersachsenring	18	18:15:00
2145	1 - Langenhagen	Berliner Platz	18	18:33:00

1318	300 - Pattensen	Hauptbahnhof	19	08:00:00
1319	300 - Pattensen	Steintor	19	08:05:00
1320	300 - Pattensen	Schwarzer Bär	19	08:11:00
1321	300 - Pattensen	Menzelstraße	19	08:14:00
1322	300 - Pattensen	Am Grünen Hagen	19	08:25:00
1324	300 - Hannover ZOB	Am Grünen Hagen	20	10:05:00
1325	300 - Hannover ZOB	Menzelstraße	20	10:16:00
1326	300 - Hannover ZOB	Schwarzer Bär	20	10:19:00
1327	300 - Hannover ZOB	Steintor	20	10:25:00
1328	300 - Hannover ZOB	Hauptbahnhof	20	10:30:00
1330	300 - Pattensen	Hauptbahnhof	21	12:00:00
1331	300 - Pattensen	Steintor	21	12:05:00
1332	300 - Pattensen	Schwarzer Bär	21	12:11:00
1333	300 - Pattensen	Menzelstraße	21	12:14:00
1334	300 - Pattensen	Am Grünen Hagen	21	12:25:00
1336	300 - Hannover ZOB	Am Grünen Hagen	22	14:05:00
1337	300 - Hannover ZOB	Menzelstraße	22	14:16:00
1338	300 - Hannover ZOB	Schwarzer Bär	22	14:19:00
1339	300 - Hannover ZOB	Steintor	22	14:25:00
1340	300 - Hannover ZOB	Hauptbahnhof	22	14:30:00
1342	300 - Pattensen	Hauptbahnhof	23	16:00:00
1343	300 - Pattensen	Steintor	23	16:05:00
1344	300 - Pattensen	Schwarzer Bär	23	16:11:00
1345	300 - Pattensen	Menzelstraße	23	16:14:00
1346	300 - Pattensen	Am Grünen Hagen	23	16:25:00
1348	300 - Hannover ZOB	Am Grünen Hagen	24	18:05:00
1349	300 - Hannover ZOB	Menzelstraße	24	18:16:00
1350	300 - Hannover ZOB	Schwarzer Bär	24	18:19:00
1351	300 - Hannover ZOB	Steintor	24	18:25:00
1352	300 - Hannover ZOB	Hauptbahnhof	24	18:30:00

wird_verkauft_an	
ID_Fahrkarte	ID_Haltestelle
5001	1
5002	1
5003	1
5001	2
5002	2
5003	2
5001	3
5002	3
5003	3
5001	4
5002	4
5003	4
5001	5
5002	5
5003	5
5001	6
5002	6
5003	6
5001	7
5002	7
5003	7
5001	8
5002	8
5003	8
5001	9
5002	9
5003	9
5001	10
5002	10
5003	10
5001	11
5002	11
5003	11
5001	12
5002	12
5003	12
5001	13
5002	13
5003	13
5001	14
5002	14
5003	14
5001	15
5002	15
5003	15
5001	16
5002	16
5003	16
5001	17
5002	17
5003	17
5001	18
5002	18
5003	18

6 Literatur

Christian Ullenboom , „Java ist auch eine Insel" (8.Auflage)

Christian Asche, Matthias Bode, „Skript für das Modul Verteilte Systeme und Datenbanken" Wintersemester 2010/2011

Peter Pepper, „Programmieren lernen: Eine grundlegende Einführung mit Java"

Springer, Berlin; Auflage: 2. A. (3. November 2007)

7 Quellen

http://www.serfas.net/fileadmin/Informatik/GalileoComputing-JavaBuchFrame.pdf, 12.03.2011

http://de.wikipedia.org/wiki/Klassendiagramm, 12.03.2011

BEI GRIN MACHT SICH IHR
WISSEN BEZAHLT

- Wir veröffentlichen Ihre Hausarbeit,
  Bachelor- und Masterarbeit

- Ihr eigenes eBook und Buch -
  weltweit in allen wichtigen Shops

- Verdienen Sie an jedem Verkauf

Jetzt bei www.GRIN.com hochladen
und kostenlos publizieren